工程招投标与合同管理

(学习任务工单)

李 央 主 编
李 玮 魏 白 李洪梅 副主编
汪晓红 陈 露 主 审

班　级：＿＿＿＿＿＿＿＿
姓　名：＿＿＿＿＿＿＿＿
学　号：＿＿＿＿＿＿＿＿

人民交通出版社
北　京

目录
Contents

工作任务一　认知工程招投标与合同管理 …………………………………… 01
工作任务二　公路工程资格预审 …………………………………………… 06
工作任务三　公路工程施工招标 …………………………………………… 11
工作任务四　公路工程施工投标 …………………………………………… 16
工作任务五　公路工程施工开标、评标及合同授予 …………………… 22
工作任务六　认知合同法律 ………………………………………………… 28
工作任务七　公路工程施工合同管理 ……………………………………… 33
工作任务八　公路工程施工索赔 …………………………………………… 39

工作任务一　认知工程招投标与合同管理

任务实施

1. 通过任务情境、任务布置、任务分析，探讨完成工作任务单。
2. 学生在教师指导下，分组完成表1-1。

认知工程招投标与合同管理工作任务单　　　　　　　　　　表1-1

任务分组					
学生任务分配表					
班级		组号		组长	
组员					
任务分工					
任务准备					
查阅现行《招标投标法》、《招标投标法实施条例》、《公路工程建设项目招标投标管理办法》、《公路工程标准施工招标文件》(2018年版)等，了解关于招投标基本知识、公路建设市场相关概念、工程承发包及相关法律条例等					
任务分组探讨					
任务		探讨			
1.了解我国公路建设市场的发展历程，对比讲述我国现已取得的巨大进步		组员1观点：		组员4观点：	
		组员2观点：		组员5观点：	
		组员3观点：		组员6观点：	
2.什么是招标？什么是投标？它们的特点及作用有哪些？		组员1观点：		组员4观点：	
		组员2观点：		组员5观点：	
		组员3观点：		组员6观点：	
3.了解公路建设市场招投标的现状，分析作为公路建设者现阶段的责任及使命		组员1观点：		组员4观点：	
		组员2观点：		组员5观点：	
		组员3观点：		组员6观点：	

续上表

任务分组探讨		
任务	探讨	
4.参与该项目的市场主体有哪些?他们的职责分别是什么?	组员1观点:	组员4观点:
	组员2观点:	组员5观点:
	组员3观点:	组员6观点:
5.该项目可能采用的是哪种承发包方式?这种方式有什么特点?	组员1观点:	组员4观点:
	组员2观点:	组员5观点:
	组员3观点:	组员6观点:
6.分析参与各方当事人的法律责任,谈谈如何严以律己、精益求精,做一名遵纪守法的大国工匠	组员1观点:	组员4观点:
	组员2观点:	组员5观点:
	组员3观点:	组员6观点:
小组讨论过程中的疑惑		

3.结合讨论的结果,学生跟随教师一起学习和巩固项目相关知识,完成项目任务评价,做好知识点总结及点评,达成学习目标。

 实战演练

通过公共资源交易中心的网站及实地参观实战演练,学以致用、理论联系实际,进一步落实学习目标,具体内容见实训任务单。(表1-2)

公共资源交易中心参观实训任务单 表1-2

实训分组					
学生任务分配表					
班级		组号		组长	
组员					
任务分工					
实训目的					
通过技能训练环节,理解建设市场的概念、作用、主体与客体等知识点,对公共资源交易中心有全面的理解,与实际工作岗位相对接,具备毕业后在建设单位、工程咨询公司、招标代理机构从事招标相关工作的能力,落实工作任务一的三大学习目标:知识目标、技能目标、素质目标					

续上表

实训任务
通过公共资源交易中心的网站,了解有关招投标信息,在企业导师组织下,参观本地公共资源交易中心
实训方式及内容
1.分组。在企业导师指导下分成若干小组,每组组长1人,组员若干,组长负责本组成员的管理;导师负责总协调,团队协作完成实训任务。 2.网络信息获取。企业导师发布任务,学生完成任务,学会进入本地公共资源交易中心浏览并获取相关招投标信息。 3.交易中心实地参观。企业导师发布任务,学生跟随导师参观本地公共资源交易中心,分组听取企业导师现场讲解,并提问、记录等。 4.小组讨论。企业导师就参观过程中存在的问题进行整理,发布讨论议题,各小组进行拓展讨论
实训要求
实训结束后,以小组为单位完成实训报告。实训报告各小组自行拟定,但必须包含以下几方面内容: (1)分组信息及任务分工。 (2)工作流程。 (3)浏览、参观过程中遇到的问题及解决方法。 (4)讨论的议题及结论。 (5)总结各方参与者的主要岗位职责、职业素养及法律责任。 (6)收获、创新与反思

 任务评价

通过学生自评,企业导师及专业教师评价,综合评定学生对工作任务一相关知识的掌握及课程学习目标落实的情况。

1.学生进行自我评价,并将结果填入学生自评表(表1-3)。

学生自评表　　　　　　　　　　　　　　　　　　表1-3

班级		学号		姓名	
评价指标	评价标准				评定分数
相关知识	了解招投标的概念、特点和作用等(10分)				
	了解我国公路建设市场的发展历程、招投标的现状及公共资源交易中心,掌握公路建设市场的主体与客体、公路建设市场相关主体的职责等(10分)				
	掌握工程承发包的概念、内容和方式等(10分)				
	了解我国招投标法律法规体系及法律责任(10分)				
相关技能	能分辨招标投标的关系与区别(10分)				
	能够区分公路建设市场的主体与客体,并叙述公路建设市场相关主体的职责,能正确分析公路建设市场的现状和前景(10分)				
	能够确定合理的建设工程承发包方式(10分)				
	能判别招投标当事人的法律责任(10分)				

续上表

评价指标	评价标准	评定分数
综合素养	明确招投标过程中,各主要参与方的岗位职责、职业素养及法律责任,并参照提升自己的法律意识、创新意识、责任感、使命感、工匠精神等综合素养(20分)	
总分	100分	
自评总结		

2. 以小组为单位,企业导师就本项目任务实施过程和成果进行评价,将评价结果填入企业导师评价表(表1-4)。

企业导师评价表　　　　　　　　　　表1-4

评价标准	组别及评分						
	1	2	3	4	5	6	…
计划合理(10分)							
方案准确(10分)							
团队合作(10分)							
组织有序(10分)							
工作质量(10分)							
工作效率(10分)							
工作完整(10分)							
工作规范(10分)							
回答问题(10分)							
成果展示(10分)							
总分(100分)							
企业导师评价							

3. 专业教师对学生工作过程与工作成果进行评价,并将评价结果填入专业教师评价表(表1-5)。

专业教师评价表　　　　　　　　　　表1-5

班级		学号		姓名	
评价指标	评价标准			评定分数	
工作过程	无无故缺勤、迟到、早退等情况(10分)				
	掌握招投标的基础知识(15分)				

续上表

评价指标	评价标准	评定分数
工作过程	具备分辨招标投标的关系与区别,分析公路建设市场的现状和前景,确定合理的建设工程承发包方式,准确把握有关勘察设计、施工、咨询等从业企业的资质规定,判别招投标当事人的法律责任等技能(15分)	
	态度端正,能按时完成任务(5分)	
	能准确表达、汇报工作成果(5分)	
参与度	能与教师保持丰富、有效的信息交流(5分)	
	能独自思考,并与同学保持良好的信息沟通,组织协调小组成员,团队合作完成相关任务(15分)	
综合素养	严以律己,增强法律意识(10分)	
	学习招投标参与各方的职业操守,树立公正、法治、敬业、诚信等社会主义核心价值观(10分)	
	创新能力及精益求精的工匠精神(10分)	
总分	100分	

4.综合学生自评、企业导师评价、专业教师评价所占比重,最终得到学生的综合评分,并把各项评分结果填入综合评价表(表1-6)。

综合评价表　　表1-6

班级		学号		姓名	
评价类别	学生自评		企业导师评价	专业教师评价	综合评价(分)
比重	20%		30%	50%	
各项得分					

工作任务二　公路工程资格预审

任务实施

1. 通过任务情境、任务布置、任务分析,学生应探讨完成工作任务单。
2. 学生在教师指导下,分组完成表 2-1。

公路工程资格预审工作任务单　　　　　　　　　　表 2-1

任务分组			
学生任务分配表			
班级		组号	组长
组员			
任务分工			
任务准备			
查阅现行《公路工程标准施工招标资格预审文件》(2018 年版)、《公路工程建设项目招标投标管理办法》、《公路工程标准施工招标文件》(2018 年版)等,了解关于资格预审文件编制与发售、资格审查的内容方法与程序等			
任务分组探讨			
任务	探讨		
1. 了解资格预审公告应包括的内容有哪些?	组员1观点:	组员4观点:	
	组员2观点:	组员5观点:	
	组员3观点:	组员6观点:	
2. 申请人须知正文应包括哪些内容?	组员1观点:	组员4观点:	
	组员2观点:	组员5观点:	
	组员3观点:	组员6观点:	
3. 联合体申请人应符合哪些规定?请搜集阅读相关资料并整理	组员1观点:	组员4观点:	
	组员2观点:	组员5观点:	
	组员3观点:	组员6观点:	

续上表

任务分组探讨		
任务	探讨	
4.了解对资格预审申请文件的装订、签字的有关规定要求,并进行探讨	组员1观点:	组员4观点:
	组员2观点:	组员5观点:
	组员3观点:	组员6观点:
5.资格审查的办法有哪几种?审查的标准、程序分别是怎样的?请了解并对比分析	组员1观点:	组员6观点:
	组员2观点:	组员7观点:
	组员3观点:	组员8观点:
	组员4观点:	组员9观点:
	组员5观点:	组员10观点:
小组讨论过程中的疑惑		

3.结合学生讨论的结果,学生跟随教师学习和巩固项目相关知识,完成项目任务评析,找准切入点,融入思政教育,并做好知识点总结及点评。

 实战演练

通过公路工程资格预审文件编制模拟实训进行实战演练,学以致用、理论联系实际,进一步落实学习目标,具体内容见表2-2。

公路工程资格预审文件编制实训任务单 表2-2

实训分组					
班级		组号		组长	
组员					
任务分工					
实训目的					
通过公路工程资格预审文件编制的实训,使学生熟悉公路工程资格审查的方式和方法、资格预审文件的组成、资格预审的程序、对投标人的限制性规定,养成严格遵守法律和行业规范,工作严谨、公平公正、诚实信用的职业素养。 公路工程施工资格预审文件编制的实训,能够让学生具有毕业后在建设单位、工程咨询公司、招标代理机构从事招标资格审查的相关工作的能力,落实工作任务二的三大学习目标,即知识目标、技能目标、素质目标					

续上表

实训任务
依据本项目引领的××至××高速公路新建工程项目××至××段主体工程的资料,在企业导师指导下完成项目资格预审公告、申请人须知、资格审查办法、资格预审申请文件格式的编制

实训方式及内容
1.学生在企业导师指导下分组成若干小组,实训角色分工建议:资格预审公告编制1人、申请人须知编制2人、资格审查办法1人、资格预审申请文件格式1人、文件排版成稿1人。任课教师负责总协调,明确各岗位工作任务,团队协作完成实训任务。 2.企业导师将项目任务分发给每组,各组认真研读,做好工作准备。 3.企业导师审阅每组上交的公路工程资格预审文件,组织各小组进行拓展讨论,指导并点评

实训要求
实训结束后,以小组为单位完成训练总结。实训总结各小组自行拟定,但必须包含以下几方面内容: (1)分组信息及任务分工。 (2)完成模拟角色工作的主要参考依据。 (3)工作流程。 (4)汇总各自模拟的角色在工作过程中完成的有关表格、资料及文件。 (5)总结模拟角色的主要工作内容、资格预审文件编制应该具备的职业素养。 (6)收获、创新与反思

 任务评价

通过学生自评、企业导师及专业教师评价,综合评定通过项目任务实施各个环节学生对工作任务二相关知识的掌握及课程学习目标落实的情况。

1.学生进行自我评价,并将结果填入学生自评表(表2-3)。

学生自评表　　　　　　　　　　　　　　　表2-3

班级		学号		姓名	
评价指标	评价标准				评定分数
相关知识	熟悉资格审查的内容、方法及程序(10分)				
	掌握资格预审公告的编制与发布(10分)				
	掌握资格预审申请文件的编制与提交(10分)				
	掌握资格预审文件的编制与发售(10分)				
相关技能	能够选择资格审查方法(10分)				
	能够依据范本编制相关文件(15分)				
	能够依据相关法律分析具体案例(15分)				

续上表

评价指标	评价标准	评定分数
综合素养	对照资格预审各个环节工作内容及职责，培养自己细致入微、严谨保密的职业素养，增强顾全大局、互相尊重的团队协作意识，树立时间规划、忠于职守的价值观念(20分)	
总分	100分	
自评总结		

2. 企业导师对学生工作过程与工作结果进行评价，并将评价结果填入企业导师评价表（表2-4）。

企业导师评价表　　　　　表2-4

评价标准	组别及评分						
	1	2	3	4	5	6	…
计划合理(10分)							
方案准确(10分)							
团队合作(10分)							
组织有序(10分)							
工作质量(10分)							
工作效率(10分)							
工作完整(10分)							
工作规范(10分)							
回答问题(10分)							
成果展示(10分)							
总分(100分)							
企业导师评价							

3. 教师对学生工作过程与工作结果进行评价，并将评价结果填入专业教师评价表（表2-5）。

专业教师评价表   表2-5

班级		学号		姓名	
评价指标	评价标准				评定分数
工作过程	无无故缺勤、迟到、早退等考勤情况(10分)				
工作过程	掌握公路工程资格预审的基础知识(15分)				
工作过程	具备选择资格审查方法,依据范本编制相关文件,依据相关法律分析具体案例等技能(15分)				
工作过程	态度端正,能按时完成任务(5分)				
工作过程	能准确表达、汇报工作成果(5分)				
参与度	能与教师保持丰富、有效的信息交流(5分)				
参与度	能独自思考,并与同学保持良好的信息沟通,组织协调小组成员,团队合作完成相关任务(15分)				
综合素养	细致入微、严谨保密的职业素养(10分)				
综合素养	顾全大局、互相尊重的团队协作意识(10分)				
综合素养	时间规划、忠于职守的价值观念(10分)				
总分	100分				

4.综合学生自评、企业导师评价、专业教师评价所占比重,最终得到学生的综合评分,并把各项评分结果填入综合评价表(表2-6)。

综合评价表   表2-6

班级		学号		姓名	
评价类别	学生自评		企业导师评价	专业教师评价	综合评价(分)
比重	20%		30%	50%	
各项得分					

工作任务三　公路工程施工招标

任务实施

1. 通过任务情境、任务布置、任务分析,组织和引导学生讨论并思考相关问题。
2. 学生在教师指导下,分组完成表3-1。

公路工程施工招标工作任务单　　　　　　　　　　　表3-1

任务分组					
学生任务分配表					
班级		组号		组长	
组员					
任务分工					
任务准备					
查阅现行《招标投标法》、《公路工程建设项目招标投标管理办法》、《公路工程标准施工招标文件》(2018年版)等,了解公路工程施工招标的具体业务和流程,熟悉施工招标文件的内容和编制方法等					
任务分组探讨					
任务		探讨			
1. 了解公路工程招标的范围,讨论总结哪些情况下项目必须招标		组员1观点:		组员4观点:	
		组员2观点:		组员5观点:	
		组员3观点:		组员6观点:	
2. 了解公路工程招标的方式,讨论总结各招标方式的优缺点及适应范围?		组员1观点:		组员4观点:	
		组员2观点:		组员5观点:	
		组员3观点:		组员6观点:	
3. 通过《招标投标法》,了解招标代理几个应当具备的条件		组员1观点:		组员4观点:	
		组员2观点:		组员5观点:	
		组员3观点:		组员6观点:	

续上表

任务分组探讨		
任务	探讨	
4.通过《公路工程标准施工招标文件》(2018年版),探讨梳理公路工程施工招标程序,并总结各个环节要点?	组员1观点:	组员4观点:
	组员2观点:	组员5观点:
	组员3观点:	组员6观点:
5.了解公路工程施工招标文件的组成,讨论熟悉各部分的内容?	组员1观点:	组员4观点:
	组员2观点:	组员5观点:
	组员3观点:	组员6观点:
6.了解标底及招标控制价,总结两者的编制意义、应注意的问题等,并探讨两者的区别?	组员1观点:	组员4观点:
	组员2观点:	组员5观点:
	组员3观点:	组员6观点:
7.通过列举招投标过程中的典型违法案例,讨论如何做遵纪守法的大国工匠	组员1观点:	组员4观点:
	组员2观点:	组员5观点:
	组员3观点:	组员6观点:
8.熟悉招标人员岗位的要求,讨论作为招标人员应具备哪些招标素养?	组员1观点:	组员4观点:
	组员2观点:	组员5观点:
	组员3观点:	组员6观点:
小组讨论过程中的疑惑		

3.结合学生讨论的结果,学生跟随教师学习和巩固项目相关知识,完成项目任务评析,找准切入点,融入思政教育,并做好知识点总结及点评。

实战演练

通过兴赣北延 A8 标招标文件的编制模拟实训进行实战演练,学以致用、理论联系实际,进一步落实学习目标,具体内容见表 3-2。

兴赣北延 A8 标招标文件的编制模拟实训任务单 表 3-2

实训分组					
班级		组号		组长	
组员					
任务分工					
实训目的					
通过兴赣北延 A8 标招标文件的编制模拟实训,学生熟悉公路工程招标文件的组成,养成严格遵守法律和行业规范,工作严谨、公平公正、诚实信用的职业素养。 公路工程施工招标文件编制的模拟实训,能够让学生具有毕业后在建设单位、工程咨询公司、招标代理机构从事招标资格审查的相关工作的能力,落实工作任务三的三大学习目标:知识目标、技能目标、素质目标					
实训任务					
请在企业导师指导下通过兴赣北延 A8 标的招标文件编制,熟悉招标公告、投标人须知、合同条款格式、评标办法、工程量清单、招标控制价的编制					
实训方式及内容					
1. 学生在企业导师指导下分组成若干小组,实训角色分工建议:招标公告编制 1 人、投标人须知编制 2 人、评标办法 1 人、合同条款及格式 1 人、工程量清单 2 人、招标控制价编制 2 人、文件排版成稿 1 人。任课教师负责总协调,明确各岗位工作任务,团队协作完成实训任务。 2. 企业导师将项目任务分发给每组,各组认真研读,做好工作准备。 3. 企业导师将招标文件分发给每组,各组认真研读,做好工作准备。 4. 企业导师审阅每组上交的投标文件,组织各小组进行拓展讨论,指导并点评					
实训要求					
实训结束后,以小组为单位完成训练总结。实训总结各小组自行拟定,但必须包含以下几方面内容: (1)分组信息及任务分工。 (2)完成模拟角色工作的主要参考依据。 (3)工作流程。 (4)汇总各自模拟的角色在工作过程中完成的有关表格、资料及文件(如开标记录表、问题澄清、评标报告等)。 (5)总结模拟角色的主要岗位职责、职业规范要求及应该具备的职业素养。 (6)收获、创新与反思					

任务评价

通过学生自评、企业导师及专业教师评价,综合评定通过项目任务实施各个环节学生对工作任务三相关知识的掌握及课程学习目标落实的情况。

1. 学生进行自我评价,并将结果填入学生自评表(表 3-3)。

学生自评表　　　　　　　　　　　　　　　　　　　　　　　　　　表3-3

班级		学号		姓名	
评价指标	评价标准				评定分数
相关知识	熟悉公路工程招标的范围等(10分)				
	熟悉公路工程招标的条件和招标的准备等(10分)				
	熟悉公路工程招标的方式和组织形式等(10分)				
	掌握公路工程招标的程序(10分)				
相关技能	能够根据项目情况,选择合适的招标方式(5分)				
	能够判断项目是否具备进入招标程序的条件(10分)				
	能够在现实约束条件下,满足法律法规要求组织招标(10分)				
	能够根据《公路工程标准施工招标文件》(2018年版)和项目实际情况编制项目招标文件(15分)				
综合素养	能意识到违法将带来的严重后果,熟悉法律,增强法律意识,树立法制观念,做遵纪守法的大国工匠;熟悉招标人员岗位的要求,能养成公开、公平、公正的招标素养(20分)				
总分	100分				
自评总结					

2.企业导师对学生工作过程与工作结果进行评价,并将评价结果填入企业导师评价表(表3-4)。

企业导师评价表　　　　　　　　　　　　　　　　　　　　　　　表3-4

评价标准	组别及评分						
	1	2	3	4	5	6	…
计划合理(10分)							
方案准确(10分)							
团队合作(10分)							
组织有序(10分)							
工作质量(10分)							
工作效率(10分)							
工作完整(10分)							
工作规范(10分)							
回答问题(10分)							
成果展示(10分)							
总分(100分)							
企业导师评价							

3. 专业教师对学生工作过程与工作结果进行评价,并将评价结果填入专业教师评价表(表3-5)。

专业教师评价表　　　　　　　　　　　　　　　表3-5

班级		学号		姓名	
评价指标	评价标准				评定分数
工作过程	无无故缺勤、迟到、早退等考勤情况(10分)				
	掌握招投标与合同管理的基础知识(15分)				
	具备根据项目情况,选择合适的招标方式;判断项目是否具备进入招标程序的条件;在现实约束条件下,满足法律法规要求组织招标;能够根据《公路工程标准施工招标文件》(2018年版)和项目实际情况编制项目招标文件等技能(15分)				
	态度端正,能按时完成任务(5分)				
	能准确表达、汇报工作成果(5分)				
参与度	能与教师保持丰富、有效的信息交流(5分)				
	能独自思考,并与同学保持良好的信息沟通,组织协调小组成员,团队合作完成相关任务(15分)				
综合素养	熟悉法律法规,增强法律意识,树立法制观念,做遵纪守法的大国工匠(10分)				
	学习招投标参与各方的职业操守,熟悉招标人员岗位的要求(10分)				
	学生养成公开、公平、公正的招标素养(10分)				
总分	100分				

4. 根据综合学生自评、企业导师评价、专业教师评价所占比重,最终得到学生的综合评分,并把各项评分结果填入综合评价表(表3-6)。

综合评价表　　　　　　　　　　　　　　　　表3-6

班级		学号		姓名	
评价类别	学生自评		企业导师评价	专业教师评价	综合评价(分)
比重	20%		30%	50%	
各项得分					

工作任务四　公路工程施工投标

任务实施

1. 通过任务情境、任务布置、任务分析，组织和引导学生讨论并思考相关问题。
2. 学生在教师指导下，分组完成表4-1。

公路工程施工投标项目任务单　　　　　　　　　　　　　表4-1

任务分组				
学生任务分配表				
班级		组号		组长
组员				
任务分工				
任务准备				
查阅现行《招标投标法》《招标投标法实施条例》《公路工程建设项目招标投标管理办法》《公路工程标准施工招标文件》(2018年版)等，了解关于公路工程施工投标相关的基本概念、投标的程序以及投标的工作内容、公路工程施工投标文件的组成、商务文件和技术文件的内容和编制要求等				
任务分组探讨				
任务	探讨			
1. 施工企业A的投标文件是否无效？说明其原因。哪些情形下投标文件无效？哪些情形下投标文件作废标处理？	组员1观点：		组员4观点：	
	组员2观点：		组员5观点：	
	组员3观点：		组员6观点：	
2. 施工企业参加投标的资格条件包括哪些？信誉条件有哪些明确规定？	组员1观点：		组员4观点：	
	组员2观点：		组员5观点：	
	组员3观点：		组员6观点：	
3. 研读《公路工程标准施工招标文件》(2018年版)中投标的有关知识，熟悉投标文件的组成部分有哪些？	组员1观点：		组员4观点：	
	组员2观点：		组员5观点：	
	组员3观点：		组员6观点：	

续上表

任务分组探讨		
任务	探讨	
4.投标文件应该如何密封和标识？投标文件的递交有哪些规定？	组员1观点：	组员4观点：
	组员2观点：	组员5观点：
	组员3观点：	组员6观点：
5.何为投标有效期？投标保证金有什么作用？二者有何联系？讨论总结在什么情况下，投标保证金将被没收？	组员1观点：	组员4观点：
	组员2观点：	组员5观点：
	组员3观点：	组员6观点：
6.投标报价的策略与技巧有哪些？我们在投标过程中，应如何正确运用？	组员1观点：	组员4观点：
	组员2观点：	组员5观点：
	组员3观点：	组员6观点：
7.请分析投标人员应该具备哪些职业素养？在投标过程中，如何做到诚实信用、富有规则意识，不围标不串标？	组员1观点：	组员4观点：
	组员2观点：	组员5观点：
	组员3观点：	组员6观点：
小组讨论过程中的疑惑		

3.结合学生讨论的结果，学生跟随教师一起学习和巩固项目相关知识，完成项目任务评析，找准切入点融入思政内容，以实现德育目标，并做好知识点总结及点评。

实战演练

通过公路工程施工投标文件编制及密封标识与递交模拟实训进行实战演练，学以致用、理论联系实际，进一步落实学习目标，具体内容见表4-2。

公路工程投标文件编制以及密封标识与递交模拟实训任务单　　　　表4-2

实训分组					
班级		组号		组长	
组员					
任务分工					

续上表

实训目的
通过公路工程施工投标全过程的模拟实训,使学生熟悉公路工程投标的程序和相关过程中的工作内容,提高学生投标项目选择识别、组织协调能力、团队合作能力和书面写作能力,培养学生的职业道德和工匠精神等。   公路工程施工招标文件的购买与研究、全过程的模拟实训,能够让学生具有毕业后在建设单位、工程咨询公司、招投标代理机构从事投标相关工作的能力,落实工作任务四的三大学习目标:知识目标、技能目标、素质目标
实训任务
请通过××至××高速公路新建工程项目××至××段主体工程的招标文件,在企业导师组织下,分组用角色扮演法演练完成投标的相关工作内容
实训方式及内容

1. 学生在教师指导下分成若干小组(施工单位),实训角色分工建议:招标代理机构1人,编制施工组织设计人员2人,编制商务及技术文件人员2人,编制投标报价人员2人。任课教师负责总协调,明确各岗位工作任务,团队协作完成实训任务。
  2. 招标文件的购买与研究。
  (1)投标人在招标公告规定的时间和地点购买招标文件。
  (2)投标人仔细阅读招标文件,研究、整理招标文件的重点内容,如工程质量、安全、工期等要求及资格条件要求、问题澄清、投标截止时间和投标保证金等相关问题。
  3. 参加投标预备会。
  由招标代理机构组织投标预备会,投标人按"招标公告"规定的时间和地点参加投标预备会,澄清投标人提出的各种问题。如果投标人不能参加投标预备会,可以委托其代理人参加,也可以要求招标机构将投标预备会的记录寄给投标人。
  会后,招标代理机构负责整理会议记录,并将会议记录发放给各位投标人。
  4. 编制投标文件。
  (1)技术文件。
  ①编制施工组织设计:包含总体施工组织布置及规划,主要工程项目的施工方案、方法与技术措施(尤其是重点、关键和难点工程的施工方案、方法及措施),工期的保证体系及保证措施,工程质量管理体系及保证措施,安全生产管理体系及保证措施,环境保护、水土保持保证体系及保证措施,文明施工、文物保护保证体系及保证措施,项目风险预测与防范,事故应急预案,其他应说明的事项。
  ②编制项目管理组织机构。
  (2)商务文件。
  商务文件主要包含:①投标函及投标函附录;②授权委托书或法定代表人身份证明;③联合体协议书(若有);④投标保证金;⑤拟分包项目情况表;⑥资格审查资料(资格后审);⑦投标人须知前附表规定的其他资料。
  (3)投标报价文件。
  投标报价文件主要包含:①投标函;②已标价工程量清单;③合同用款估算表。
  5. 投标文件的密封和标识。
  (1)投标文件应采用双信封形式密封。投标文件第一个信封(商务及技术文件)以及第二个信封(报价文件)应单独密封包装。
  (2)商务及技术文件的正本与副本应统一密封在一个封套中。报价文件的正本与副本、投标文件电子版文件(如需要)以及填写完毕的工程量固化清单电子文件(如采用工程量固化清单形式)应统一密封在另一个封套中。
  (3)封套应加贴封条,并在封套的封口处加盖投标人单位章或由投标人的法定代表人或其委托代理人签字。
  (4)采用银行保函形式提交投标保证金的,银行保函原件应密封在单独的封套中。
  6. 投标文件的递交。
  招标代理机构(教师)在招标文件约定的时间、地点接收投标人的投标书;超过投标文件截止时间,则拒收投标文件。
  7. 企业导师审阅每组上交的投标文件,组织各小组进行拓展讨论,指导并点评。

续上表

实训要求
实训结束后,以小组为单位完成训练总结。实训总结各小组自行拟定,但必须包含以下几方面内容: (1)分组信息及任务分工。 (2)完成模拟角色工作的主要参考依据。 (3)工作流程。 (4)汇总各自模拟的角色在工作过程中完成的有关表格、资料及文件(如商务及技术文件、报价文件等)。 (5)总结模拟角色的主要岗位职责、职业规范要求及应该具备的职业素养。 (6)收获、创新与反思

 任务评价

通过学生自评、企业导师及专业教师评价,综合评定通过项目任务实施各个环节学生对工作任务四相关知识的掌握及课程学习目标落实的情况。

1. 学生进行自我评价,并将结果填入学生自评表(表4-3)。

学生自评表　　　　　　　　　　　　　　表4-3

班级		学号		姓名	
评价指标	评价标准				评定分数
相关知识	熟悉公路工程施工投标相关的基本概念、投标的程序以及投标的工作内容(10分)				
	熟悉公路工程施工投标前期准备工作的内容(10分)				
	掌握公路工程施工投标文件的组成、商务文件和技术文件的内容和编制要求(10分)				
	掌握公路工程施工投标报价的方法策略与报价技巧(10分)				
相关技能	具备一定的计算机技能,能够查阅、收集招标信息和编辑文档(5分)				
	能够按照招标文件的要求编制合格的商务文件(10分)				
	具备能够结合公司实际情况和技术规范编制可行的技术文件的能力(5分)				
	能够根据招标文件的工程量清单和相关定额等编制准确的投标报价(10分)				
	具备能够灵活运用投标策略和报价技巧,编制更具竞争力投标价的创新能力(5分)				
	能够根据招标文件要求进行投标文件的包装、密封、标识和递交(5分)				
综合素养	增强爱岗位、履职责、忠岗位的职业意识和顾全大局、互相尊重的团队协作意识;提升诚实信用、富有规则意识,不围标不串标,工作严谨等方面的投标素养和细致入微、严谨保密的职业素养(20分)				
总分	100 分				
自评总结					

2.企业导师对学生工作过程与工作成果进行评价,并将评价结果填入企业导师评价表(表4-4)。

企业导师评价表　　　　　　　　　　　表4-4

评价标准	组别及评分						
	1	2	3	4	5	6	…
计划合理(10分)							
方案准确(10分)							
团队合作(10分)							
组织有序(10分)							
工作质量(10分)							
工作效率(10分)							
工作完整(10分)							
工作规范(10分)							
回答问题(10分)							
成果展示(10分)							
总分(100分)							
企业导师评价							

3.专业教师对学生工作过程与工作结果进行评价,并将评价结果填入专业教师评价表(表4-5)。

专业教师评价表　　　　　　　　　　　表4-5

班级		学号		姓名	
评价指标	评价标准				评定分数
工作过程	无无故缺勤、迟到、早退等考勤情况(10分)				
	掌握招投标与合同管理的基础知识(15分)				
	具备一定的计算机技能,能够查阅、收集招标信息和编辑文档;能够按照招标文件的要求编制合格的商务文件;能够结合公司实际情况和技术规范编制可行的技术文件;能够根据招标文件的工程量清单和相关定额等编制准确的投标报价,并灵活运用投标策略和报价技巧,提升投标竞争力;能够根据招标文件要求进行投标文件的包装、密封、标识和递交等(15分)				
	态度端正,能按时完成任务(5分)				
	能准确表达、汇报工作成果(5分)				

续上表

评价指标	评价标准	评定分数
参与度	能与教师保持丰富、有效的信息交流(5分)	
	能独自思考,并与同学保持良好的信息沟通,组织协调小组成员,团队合作完成相关任务(15分)	
综合素养	细致入微、严谨保密的职业素养和顾全大局、互相尊重的团队协作意识(10分)	
	吃苦耐劳、坚持不懈的劳动精神和主动探索、寻求突破的创新意识(10分)	
	诚实信用、富有规则意识、不围标不串标、工作严谨的投标素养及爱岗位、履职责、忠岗位的职业素养(10分)	
总分	100分	

4. 综合学生自评、企业导师评价、专业教师评价所占比重,最终得到学生的综合评分,并将各项评分结果填入综合评价表(表4-6)。

综合评价表　　　　　　　　　　　表4-6

班级		学号		姓名	
评价类别	学生自评		企业导师评价	专业教师评价	综合评价(分)
比重	20%		30%	50%	
各项得分					

工作任务五 公路工程施工开标、评标及合同授予

任务实施

1. 通过任务情境、任务布置、任务分析,学生应探讨完成工作任务单。
2. 学生在教师指导下,分组完成表5-1。

公路工程施工开标、评标及合同授予工作任务单　　　　　　　　　表5-1

任务分组					
学生任务分配表					
班级		组号		组长	
组员					
任务分工					
任务准备					
查阅现行《招标投标法》《公路工程建设项目招标投标管理办法》及《公路工程标准施工招标文件》(2018年版)等,了解关于开标、评标及合同授予的相关规定、原则、程序、基本要求、基本方法、工作内容等					
任务分组探讨					
任务		探讨			
1.企业自行决定采取邀请招标方式的做法是否妥当?请说明理由		组员1观点:		组员4观点:	
		组员2观点:		组员5观点:	
		组员3观点:		组员6观点:	
2.C企业和E企业投标文件是否有效?请说明理由		组员1观点:		组员4观点:	
		组员2观点:		组员5观点:	
		组员3观点:		组员6观点:	
3.请指出开标工作的不妥之处,并说明理由		组员1观点:		组员4观点:	
		组员2观点:		组员5观点:	
		组员3观点:		组员6观点:	
4.请指出评标委员会成员组成的不妥之处,并说明理由		组员1观点:		组员4观点:	
		组员2观点:		组员5观点:	
		组员3观点:		组员6观点:	

续上表

任务分组探讨		
任务	探讨	
5.计算各单位评标价得分,并按此由高到低的顺序,推荐中标候选人。如果你是评标专家,在评标过程中如何贯彻公正、法治、敬业、诚信等社会主义核心价值观?	组员1观点:	组员4观点:
	组员2观点:	组员5观点:
	组员3观点:	组员6观点:
6.请指出合同授予过程中的不妥之处,并说明理由	组员1观点:	组员4观点:
	组员2观点:	组员5观点:
	组员3观点:	组员6观点:
7.该项目招标人、投标人、评标专家等均存在的不妥之处,我们在未来的工作中应该遵纪守法,精益求精,避免出现差错。请思考应该如何提高自己的创新能力,做精益求精的大国工匠?	组员1观点:	组员4观点:
	组员2观点:	组员5观点:
	组员3观点:	组员6观点:
小组讨论过程中的疑惑		

3.结合讨论的结果,学生跟随教师一起学习和巩固项目相关知识,完成项目任务评析,做好知识点总结及点评,并接受思政熏陶,达成学习目标。

 实战演练

通过公路工程施工开标、评标及合同授予模拟实训进行实战演练,学以致用、理论联系实际,进一步落实学习目标,管理工程开标、评标及合同授予模拟实训任务单见表5-2。

管理工程开标、评标及合同授予模拟实训任务单　　　　表 5-2

实训分组					
班级		组号		组长	
组员					
任务分工					

实训目的
通过公路工程施工开标、评标、定标全过程的模拟实训,熟悉公路工程招投标选择施工单位的程序,提高招投标技能、组织协调能力、团队合作能力、语言表达能力和书面写作能力,培养学生的职业道德和工匠精神,具备毕业后在建设单位、工程咨询公司、招标代理机构从事招标相关工作的能力,落实工作任务五的三大学习目标:知识目标、技能目标、素质目标

实训任务
通过工作任务三、四完成的××至××高速公路新建工程项目××至××段主体工程招标文件和投标文件,在企业导师组织下,分组角色扮演完成开标、评标及合同授予的相关信息工作

实训方式及内容
1.学生在企业导师指导下分组成若干小组,实训角色分工建议:招标人6人、招标代理人1人、公证人1名、公共资源交易中心工作人员1名、投标人10家(每家2人)、评标专家15人。任课教师负责总协调,明确各岗位工作任务,团队协作完成实训任务。 2.企业导师将招标文件、投标文件分发给每组,各组认真研读,做好工作准备。 3.开标。 首先招标代理机构在招标公告约定的时间、地点接收投标人的投标书,投标文件接收时间截止即开标。 主持人按下列程序进行开标: (1)宣布开标纪律。 (2)公布在投标截止时间前递交投标文件的投标人名称,并点名确认投标人是否派人到场。 (3)宣布开标人、唱标人、记录人、监标人等有关人员姓名。 (4)按照投标人须知前附表规定检查投标文件的密封情况。 由投标人推举的代表当众检查投标文件密封情况,并由招标人委托的公证机构对开标情况进行公证。如果投标文件未密封或者存在拆开过的痕迹,则不能进入后续的程序。 (5)按照投标人须知前附表的规定确定并宣布投标文件开标顺序。 (6)拆封:招标代理机构的工作人员应当对所有在投标文件截止时间之前收到的合格的投标文件,在开标现场当众拆封。 (7)唱标:按照宣布的开标顺序当众开标,公布投标人名称、项目名称、投标保证金的递交情况、投标报价、质量目标、工期及其他内容。 (8)记录并存档:招标代理机构应当场填写开标记录表,记载开标的时间、地点、参与人、唱标内容等情况,并由参加开标的投标人代表签字确认。开标记录表应作为评标报告的组成部分存档备查。 (9)主持人宣布开标会结果。 4.评标。 (1)抽取评标专家:由招标代理机构在公共资源交易中心于评标前2小时抽取5名评标专家,与招标人委派的2名代表构成7人组成的评标委员会(共抽取3组,分别模拟评标)。 (2)进入评标准备阶段的工作。 ①评标委员会成员签到。填写评标委员会签到表。 ②评标委员会分工,并推举1名成员任评标委员会组长。 ③熟悉文件资料。

续上表

(3)进行初步评审。 ①形式评审。由评标专家填写形式评审记录表。 ②资格评审。由评标专家填写资格评审记录表(适用于未进行资格预审的)。 ③响应性评审。由评标专家填写响应性评审记录表。 (4)进行详细评审。由评标专家按照招标文件规定的合理低价法,详细评审商务标和技术标,填写施工组织设计和项目管理机构评审记录表、评标结果汇总表。 (5)如果评标专家需要投标人澄清、说明或补正,则由评标专家填写问题澄清通知,投标人填写问题的澄清。 (6)编制评标报告:评标报告应当如实记载以下内容: ①基本情况和数据表。 ②评标委员会成员名单。 ③开标记录。 ④符合要求的投标人一览表。 ⑤废标情况说明。 ⑥评标标准、评标方法或者评标因素一览表。 ⑦经评审的价格或者评分比较一览表。 ⑧投标人排序。 ⑨推荐的中标候选人名单与签订合同前要处理的事宜。 ⑩澄清、说明、补正事项纪要。 评标报告由评标委员会全体成员签字。对评标结论持有异议的评标委员会成员可以书面方式阐述其不同意见和理由。评标委员会成员拒绝在评标报告上签字且不陈述其不同意见和理由的,视为同意评标结论。 5.合同授予。 (1)定标:推荐中标候选人或者直接确定中标人。评标委员会推荐综合排名前3位的投标人为中标候选人。招标人从中标候选人中确定中标人,填写中标通知书和中标结果通知书。招标代理机构给评标专家发放评标费。 (2)招标人和中标人模拟合同谈判、签订合同等过程,招标投标工作结束。 6.小组讨论。 企业导师就模拟实训过程中存在的问题进行整理,发布讨论议题,各小组进行拓展讨论。
实训要求
实训结束后,以小组为单位完成实训报告。实训报告各小组自行拟定,但必须包含以下几方面内容: (1)分组信息及任务分工。 (2)完成模拟角色工作的主要参考依据。 (3)工作流程。 (4)汇总各自模拟的角色在工作过程中完成的有关表格、资料及文件(如开标记录表、问题澄清、评标报告等)。 (5)总结模拟角色的主要岗位职责、职业规范要求及应该具备的职业素养。 (6)收获、创新与反思

 任务评价

通过学生自评、企业导师及专业教师评教评价,综合评定学生对工作任务五相关知识的掌握及课程学习目标落实的情况。

1.学生进行自我评价,并将结果填入学生自评表(表5-3)。

学生自评表　　　　　　　　　　　　　　　　　　　　　　　　　表 5-3

班级		学号		姓名	
评价指标	评价标准				评定分数
相关知识	熟悉开标的时间、地点、主要程序(10分)				
	熟悉评标的原则、评标委员会成员组成及评标程序(10分)				
	掌握几种常用的评标方法(10分)				
	熟悉定标的原则和合同授予的基本要求(10分)				
相关技能	能按照招标文件的规定组织开标,处理开标过程中的关键问题(10分)				
	能正确组建评标委员会,按招标文件规定对投标文件进行评审,编写评标报告(15分)				
	能按照招标文件规定推荐或确定中标人,编制和发出中标通知书(5分)				
	能按照规定流程签订合同协议书(5分)				
	具备组织协调能力、团队合作能力、语言表达能力和书面写作能力(5分)				
综合素养	明确开标、评标及合同授予过程中各项任务主要参与方的岗位职责、职业规范要求及应该具备的职业素养,并培养自己的法律意识、创新意识和爱岗敬业、诚实守信、工匠精神等综合素养(20分)				
总分	100 分				
自评总结					

2.以小组为单位,企业导师就模拟实训任务实施过程和成果进行评价,将评价结果填入企业导师评价表(表 5-4)。

企业导师评价表　　　　　　　　　　　　　　　　　　　　　　　　表 5-4

评价标准	组别及评分						
	1	2	3	4	5	6	…
计划合理(10分)							
方案准确(10分)							
团队合作(10分)							
组织有序(10分)							
工作质量(10分)							
工作效率(10分)							
工作完整(10分)							
工作规范(10分)							

续上表

评价标准	组别及评分						
	1	2	3	4	5	6	…
回答问题(10分)							
成果展示(10分)							
总分(100分)							
企业导师评价							

3. 专业教师对学生工作过程与工作成果进行评价，并将评价结果填入专业教师评价表（表5-5）。

专业教师评价表　　　　　　　　　　　　　　　　　　表5-5

班级		学号		姓名	
评价指标	评价标准			评定分数	
工作过程	无无故缺勤、迟到、早退等考勤情况(10分)				
	掌握开标、评标及合同授予相关知识(15分)				
	掌握组织开标、组建评标委员会、对投标文件进行评审并编写评标报告、按规定流程确定中标人并签订合同等技能(15分)				
	态度端正，能按时完成任务(5分)				
	能准确表达、汇报工作成果(5分)				
参与度	能与教师保持丰富、有效的信息交流(5分)				
	能独自思考，并与同学保持良好的信息沟通，组织协调小组成员，团队合作完成相关任务(15分)				
综合素养	严以律己，增强法律意识(10分)				
	学习评标专家的职业操守，树立公正、法治、敬业、诚信等社会主义核心价值观(10分)				
	创新能力及精益求精的工匠精神(10分)				
总分	100分				

4. 综合学生自评、企业导师评价、专业教师评价所占比重，最终得到学生的综合评分，并把各项评分结果填入综合评价表（表5-6）。

综合评价表　　　　　　　　　　　　　　　　　　表5-6

班级		学号		姓名	
评价类别	学生自评	企业导师评价		专业教师评价	综合评价(分)
比重	20%	30%		50%	
各项得分					

工作任务六　认知合同法律

任务实施

1. 通过任务情境、任务布置、任务分析,学生应讨论并思考相关问题。
2. 学生在教师指导下,分组完成表6-1。

认知合同及其有关法律工作任务单　　　　　　　　　　　　表6-1

任务分组					
学生任务分配表					
班级		组号		组长	
组员					
任务分工					
任务准备					
查阅现行《民法典》《招标投标法》《中华人民共和国价格法》等,了解关于合同法律关系、合同的效力相关概念、建设工程施工合同的相关法律条例等					
任务分组探讨					
任务	探讨				
1.了解《民法典》实施与内容,讲述《民法典》在工程建设中的地位	组员1观点：		组员4观点：		
	组员2观点：		组员5观点：		
	组员3观点：		组员6观点：		
2.什么是法人？什么是法人代表？法人应当具备的条件是什么？	组员1观点：		组员4观点：		
	组员2观点：		组员5观点：		
	组员3观点：		组员6观点：		
3.合同什么时候成立？网络交易合同什么时候成立？在网络交易过程中,我们应该注意哪些问题？	组员1观点：		组员4观点：		
	组员2观点：		组员5观点：		
	组员3观点：		组员6观点：		

续上表

任务分组探讨			
任务	探讨		
4. 当合同约定不明确的时候,怎么办?（查阅《民法典》）	组员1观点：		组员4观点：
	组员2观点：		组员5观点：
	组员3观点：		组员6观点：
5. 执行政府定价、政府指导价的,遇到价格调整应如何处理?	组员1观点：		组员4观点：
	组员2观点：		组员5观点：
	组员3观点：		组员6观点：
6. 当事人协商一致,可以变更合同吗?	组员1观点：		组员4观点：
	组员2观点：		组员5观点：
	组员3观点：		组员6观点：
7. 参与各方当事人在合同实施过程中,如何严以律己、精益求精,做遵纪守法的践行者?	组员1观点：		组员4观点：
	组员2观点：		组员5观点：
	组员3观点：		组员6观点：
小组讨论过程中的疑惑			

3. 结合讨论的结果,学生跟随教师学习和巩固项目相关知识,完成工作任务评析,找准切入点融入思政内容,达成德育目标,并做好知识点总结及点评。

 实战演练

通过公路工程施工索赔模拟实训进行实战演练,学以致用、理论联系实际,进一步落实学习目标,具体内容见表6-2。

公路工程施工索赔模拟实训任务单

表 6-2

实训分组

班级		组号		组长	
组员					
任务分工					

实训目的

通过订立一份完整的《公路工程施工合同》模拟实训,加深对合同管理法律、法规及强制条例的理解,具备合同的订立技能,同时提升组织协调能力、团队合作能力、语言表达能力和书面写作能力,培养职业道德和工匠精神等,落实本任务三大学习目标,即知识目标、技能目标、素质目标。

实训任务

在企业导师组织下,通过真实的工程项目,模拟合同的订立过程,然后进行互换角色实训。

工程概况:

工程名称:某二级公路工程。

工程内容:某二级公路工程,全长20km,路基宽度12m。

工程地点:江西南昌。

承包范围:按工程施工图纸。

施工工期:180日历天,开工日期:×年×月×日 竣工日期:×年×月×日

工程质量:按交通运输部现行颁布的《公路工程质量检验评定标准》(JTG F80—2004)评定达合格以上工程。

合同价款:人民币30000万元。

承包方式:包工包料

实训方式及内容

1. 学生在企业导师指导下分组成两个小组,分别代表发包人和承包人,经过要约、承诺、拟订合同后再交换角色。任课教师负责总协调,明确各岗位工作任务,团队协作完成实训任务。

2. 模拟中发包人一方的任务如下:

(1)要约。

(2)发出承诺。

(3)合同内容拟定。

(4)合同内容谈判。

角色扮演中的承包人一方的任务是接受要约、承诺、合同内容谈判与商议。

指导教师启发式引导学生模拟合同谈判过程,可以提前设置若干问题(突发情况),考查学生分析问题、解决问题的能力;通过现场模拟使学生具备实际工程施工合同的订立能力。

3. 企业导师审阅每组上交的合同,组织各小组进行拓展讨论。共同探讨:如何通过完善合同条件以保护承包人、发包人方的正当权益?

实训要求

实训结束后,两个小组均需要完成实训报告。实训报告小组自行拟定,但必须包含以下几方面内容:

(1)分组信息及任务分工。

(2)完成模拟角色工作的主要参考依据。

(3)工作流程。

(4)汇总各自模拟的角色在工作过程中完成的有关表格、资料及文件。

(5)总结模拟角色的主要岗位职责、职业规范要求及应该具备的职业素养。

(6)收获、创新与反思

 任务评价

通过学生自评、企业导师及专业教师评价,综合评定通过工作任务实施各个环节学生对工作任务六相关知识的掌握及课程学习目标落实的情况。

1.学生进行自我评价,并将结果填入学生自评表(表6-3)。

学生自评表　　　　　　　　　　　　　　　　　　表6-3

班级		学号		姓名	
评价指标	评价标准				评定分数
相关知识	了解合同的概念、合同法律关系及合同分类等(10分)				
	掌握合同签订的原则与程序(10分)				
	了解合同的履行以及违约责任(10分)				
	熟悉合同担保制度(5分)				
相关技能	能够参与订立合同(10分)				
	能够判断合同的效力(10分)				
	能够操作合同的变更与转让(10分)				
	能够根据《民法典》规定处理合同纠纷(15分)				
综合素养	明确公路工程合同订立过程中,各主要参与方的职责、职业素养及法律责任,并增强自己的法律意识、责任感、使命感和培育工匠精神等(20分)				
总分	100 分				
自评总结					

2.企业导师对学生工作过程与工作结果进行评价,并将评价结果填入企业导师评价表(表6-4)。

企业导师评价表　　　　　　　　　　　　　　　　表6-4

评价标准	组别及评分						
	1	2	3	4	5	6	…
计划合理(10分)							
方案准确(10分)							
团队合作(10分)							
组织有序(10分)							
工作质量(10分)							
工作效率(10分)							
工作完整(10分)							
工作规范(10分)							

续上表

评价标准	组别及评分						
	1	2	3	4	5	6	…
回答问题(10分)							
成果展示(10分)							
总分(100分)							
企业导师评价							

3. 专业教师对学生工作过程与工作结果进行评价,并将评价结果填入专业教师评价表(表6-5)。

专业教师评价表 表6-5

班级		学号		姓名	
评价指标	评价标准				评定分数
工作过程	无无故缺勤、迟到、早退等考勤情况(10分)				
	掌握公路工程施工索赔的基础知识(15分)				
	能够明确合同的概念、合同法律关系及合同分类、合同的履行以及违约责任等;能够参与订立合同,了解合同订立的流程;掌握合同的变更与转让技能(15分)				
	态度端正,能按时完成任务(5分)				
	能准确表达、汇报工作成果(5分)				
参与度	能与教师保持丰富、有效的信息交流(5分)				
	能独自思考,并与同学保持良好的信息沟通,组织协调小组成员,团队合作完成相关任务(15分)				
综合素养	严以律己,增强法律意识(10分)				
	学习施工索赔参与各方的职业操守,树立公正、法治、敬业、诚信等社会主义核心价值观(10分)				
	创新能力及精益求精的工匠精神(10分)				
总分	100分				

4. 综合学生自评、企业导师评价、专业教师评价所占比重,最终得到学生的综合评分,并各项评分结果填入综合评价表(表6-6)。

综合评价表 表6-6

班级		学号		姓名	
评价类别	学生自评		企业导师评价	专业教师评价	综合评价(分)
比重	20%		30%	50%	
各项得分					

工作任务七　公路工程施工合同管理

任务实施

1. 通过任务情境、任务布置、工作分析，学生应讨论并思考相关问题。
2. 学生在教师指导下，分组完成表7-1。

公路工程施工合同管理工作任务单　　　　　　　　　　　　　表7-1

任务分组					
学生任务分配表					
班级		组号		组长	
组员					
任务分工					
任务准备					
查阅现行《招标投标法》《招标投标法实施条例》《公路工程建设项目招标投标管理办法》及《公路工程标准施工招标文件》(2018年版)等，了解关于招投标基本知识、公路建设市场相关概念、工程承发包及相关法律条例等					
任务分组探讨					
任务	探讨				
1.公路工程施工合同的内容组成有哪些？工程分包有哪些情形？	组员1观点：		组员4观点：		
	组员2观点：		组员5观点：		
	组员3观点：		组员6观点：		
2.工程开工的审批程序有哪些？需要准备哪些材料？	组员1观点：		组员4观点：		
	组员2观点：		组员5观点：		
	组员3观点：		组员6观点：		
3.变更的工程内容包括哪些？变更的程序是什么？	组员1观点：		组员4观点：		
	组员2观点：		组员5观点：		
	组员3观点：		组员6观点：		
4.承包人的提请变更估价的要求对吗？为什么？变更估价的原则又是什么？	组员1观点：		组员4观点：		
	组员2观点：		组员5观点：		
	组员3观点：		组员6观点：		

续上表

任务分组探讨			
任务	探讨		
5. 施工过程中水泥、钢材等主要材料价格指数分别上涨15%和20%,根据合同约定,是否可以调整合同价格?如何调整?工程实际价款应该怎么调整?	组员1观点:		组员4观点:
^	组员2观点:		组员5观点:
^	组员3观点:		组员6观点:
6. 山洪暴发导致的系列损失,应该由谁来承担费用损失和工期延误?理由是什么?	组员1观点:		组员4观点:
^	组员2观点:		组员5观点:
^	组员3观点:		组员6观点:
7. 若该工程办理了建筑工程一切险和第三者责任险,投保金额分别为4000万元和60万元,保险费率分别为4.2‰和3‰,应缴纳的保险费和当事人可获得的赔偿额分别是多少?	组员1观点:		组员4观点:
^	组员2观点:		组员5观点:
^	组员3观点:		组员6观点:
8. 请分析一下参与各方当事人的法律责任,谈谈如何严以律己、精益求精,做遵纪守法的大国工匠。	组员1观点:		组员4观点:
^	组员2观点:		组员5观点:
^	组员3观点:		组员6观点:
小组讨论过程中的疑惑			

3.结合讨论结果,学生跟随教师一起学习和巩固工作任务七相关知识,完成任务评析,找准切入点融入思政内容,以实现德育目标,达成学习目标。

 实战演练

通过公路工程施工合同履行管理实训进行实战演练,学以致用、理论联系实际,进一步落实学习目标,公路工程施工(路面工程)合同履行管理模拟实训任务单具体内容见表7-2。

公路工程施工(路面工程)合同履行管理模拟实训任务单　　　　　表7-2

实训分组					
班级		组号		组长	
组员					
任务分工					

实训目的
通过公路工程施工合同管理的模拟实训任务,学生熟悉公路工程合同管理中质量管理(材料设备进场、中间交工验收)、进度管理(工程开工、分项工程开工)、造价管理(分项工程计量与支付)内容;通过角色扮演的方式,提高学生组织协调能力、团队合作能力、语言表达能力和书面写作能力,培养学生的依法依规的合同管理意识和严谨细致的职业素养等。 　公路工程施工合同履行管理的模拟实训,能够让学生具有毕业后在建设单位、施工单位、监理单位从事合约专员和计量工程师等相关工作的能力,落实三大学习目标,即知识目标、技能目标、素质目标

实训任务
在企业导师组织下,通过××至××高速公路新建工程项目××至××段主体工程××标段施工合同文件,分组采用角色扮演法演练完成合同质量、进度、造价管理的相关任务

实训方式及内容
1.学生在企业导师指导下分组成若干小组,实训角色分工建议:施工单位5人(总工1人、项目经理1人、材料设备负责人1人、施工技术工程师1人、合约计量员1人)、监理单位5人(合约工程师1人、造价工程师1人、试验工程师1人、监理工程师1人、总监理工程师1人)、业主相关责任人1名(项目办代表1人)。任课教师负责总协调,明确各岗位工作任务,团队协作完成实训任务。 　2.企业导师将合同文件(路面工程)分发给每组,各组认真研读,做好工作准备。 　3.施工准备阶段。 施工单位材料、设备、人员入场,做好施工准备工作,准备好指导性施工组织设计文件和施工进度计划等。 　4.申请开工。 (1)施工单位提交开工申请和相关证明材料,承包人应按约定的合同进度计划,向监理人提交工程开工报审表。 (2)监理人核验证明材料、审批申请,提请发包人同意。 (3)经发包人同意。 (4)监理人应在开工日期7天前向承包人发出开工通知。工期自监理人发出的开工通知中载明的开工日期起计算。 (5)承包人应在开工日期后尽快施工。 　5.分部(分项)工程开工申请。 (1)承包人应在分部(分项)工程开工前14天向监理人提交分部(分项)工程开工报审表。 (2)监理工程师审核批准。 若承包人的开工准备、工作计划和质量控制方法是可接受的且已获得批准,则经监理人书面同意,分部(分项)工程才能开工。 　6.分项工程质量验收(基层)。 (1)承包人申请质量验收。 (2)监理人质量验收,开具质量合格证书。

续上表

7. 分项工程计量与进度款支付。
(1)承包人对已完成的工程进行计量,向监理人提交进度付款申请单、已完成工程量报表和有关计量资料。 (2)监理人对承包人提交的工程量报表进行复核,以确定实际完成的工程量,开具工程计量证书。 (3)承包人应在付款周期末,按监理人批准的格式和专用合同条款约定的份数,向监理人提交进度付款申请单,并附相应的支持性证明文件。 (4)监理人在收到申请和证明文件后14天内完成核查,提出发包人应支付金额,经发包人审查同意后,由监理人向承包人出具经发包人签认的进度付款证书。 (5)发包人应在监理人收到进度付款申请单且承包人提交了合格的增值税专用发票后的28天内,将进度应付款支付给承包人。 8. 小组讨论。企业导师就模拟实训过程中的存在的问题进行整理,发布讨论议题,各小组进行拓展讨论
实训要求
实训结束后,以小组为单位完成训练总结。实训总结各小组自行拟定,但必须包含以下几方面内容: (1)分组信息及任务分工。 (2)完成模拟角色工作的主要参考依据。 (3)工作流程。 (4)汇总各自模拟的角色在工作过程中完成的有关表格、资料及文件(如工程开工申请报告、检验申请批复单、中间计量表、付款申请书等)。 (5)总结模拟角色的主要岗位职责、职业规范要求及应该具备的职业素养。 (6)收获、创新与反思

 任务评价

通过学生自评、企业导师及专业教师评价,综合评定通过工作任务实施各个环节学生对本任务相关知识的掌握及课程学习目标落实的情况。

1.学生进行自我评价,并将结果填入学生自评表(表7-3)。

学生自评表　　　　　　　　　　　　　　　　　表7-3

班级		学号		姓名	
评价指标	评价标准				评定分数
相关知识	了解公路工程合同的类型,熟悉公路施工合同的类型范本来源、文件组成、当事人及其责任与义务等(10分)				
	熟悉公路工程施工合同管理中的质量控制:质量责任、质量保障体系及质量控制条款(包括材料设备、施工质量检查、隐蔽工程质量检查、竣工验收等条款)(10分)				
	熟悉公路工程施工合同管理中进度相关的基本概念,进度计划的编制修订、暂停施工和复工等相关条款(10分)				
	熟悉公路工程施工合同管理中费用相关的基本概念,掌握计量支付等相关条款(10分)				

续上表

评价指标	评价标准	评定分数
相关技能	能够描述分项工程质量检查验收和隐蔽工程质量验收流程;能正确分析质量问题的相关责任(10分)	
	能够描述工程开工和分项工程开工流程;能够进行工程延期类型的判定和工期延误的责任分析(15分)	
	能够描述公路工程的支付款项,按照流程进行工程进度价款的申请、审核、支付(15分)	
综合素养	分工明确,团队合作意识强,注重参与方的协作与组织协调(5分)	
	各主要参与方具有合同意识和法律意识(5分)	
	注重合同条款解读,公平公正、严谨细致判定责任方(5分)	
	具备整理过程文件和语言表达的能力(5分)	
总分	100分	
自评总结		

2.企业导师对学生工作过程与工作结果进行评价,并将评价结果填入企业导师评价表(表7-4)。

企业导师评价表　　　　　　　表7-4

评价标准	组别及评分						
	1	2	3	4	5	6	…
计划合理(10分)							
方案准确(10分)							
团队合作(10分)							
组织有序(10分)							
工作质量(10分)							
工作效率(10分)							
工作完整(10分)							
工作规范(10分)							
回答问题(10分)							
成果展示(10分)							
总分(100分)							
企业导师评价							

3.专业教师对学生工作过程与工作结果进行评价,并将评价结果填入专业教师评价表(表7-5)。

专业教师评价表 表7-5

班级		学号		姓名	
评价指标	评价标准				评定分数
工作过程	无无故缺勤、迟到、早退等考勤情况(10分)				
	掌握施工合同管理的基础知识(15分)				
	具备分辨公路工程合同类型、判别当事人及相关人的法律责任等以及分析运用公路工程施工合同质量条款、进度条款、费用条款、安全条款及风险条款等的技能(15分)				
	态度端正,能按时完成任务(5分)				
	能准确表达、汇报工作成果(5分)				
参与度	能与教师保持丰富、有效的信息交流(5分)				
	能独自思考,并与同学保持良好的信息沟通,组织协调小组成员,团队合作完成相关任务(15分)				
综合素养	严以律己,增强法律意识(10分)				
	学习招投标参与各方的职业操守,树立公正、法治、敬业、诚信等社会主义核心价值观(10分)				
	创新能力及精益求精的工匠精神(10分)				
总分	100分				

4.综合学生自评、企业导师评价、专业教师评价所占比重,最终得到学生的综合评分,并把各项评分结果填入综合评价表(表7-6)。

综合评价表 表7-6

班级		学号		姓名	
评价类别	学生自评		企业导师评价	专业教师评价	综合评价(分)
比重	20%		30%	50%	
各项得分					

工作任务八　公路工程施工索赔

任务实施

1. 通过任务情境、任务布置、任务分析,组织和引导学生讨论并思考相关问题。
2. 学生在教师指导下,分组完成表8-1。

公路工程施工索赔工作任务单　　　　　　　　　表8-1

任务分组			
学生任务分配表			
班级		组号	组长
组员			
任务分工			
任务准备			
查阅现行《民法典》《中华人民共和国民事诉讼法》等,学习公路工程索赔的主要内容和程序,了解工程索赔的起因、内容与时间要求等			
任务分组探讨			
任务	探讨		

任务	探讨	
1.什么是索赔?发包人可以索赔吗?	组员1观点:	组员4观点:
	组员2观点:	组员5观点:
	组员3观点:	组员6观点:
2.如果没有损失,可以索赔吗?	组员1观点:	组员4观点:
	组员2观点:	组员5观点:
	组员3观点:	组员6观点:
3.逾期索赔是否失去索赔的权利?	组员1观点:	组员4观点:
	组员2观点:	组员5观点:
	组员3观点:	组员6观点:

续上表

任务	探讨	
	任务分组探讨	
4.承包人接受交工付款证书后,可以再提出工程接收证书之前的索赔吗?	组员1观点:	组员4观点:
	组员2观点:	组员5观点:
	组员3观点:	组员6观点:
5.索赔和签证是一回事吗?	组员1观点:	组员4观点:
	组员2观点:	组员5观点:
	组员3观点:	组员6观点:
6.合同无效,约定发包人导致停工的,发包人不承担停工和窝工损失,该约定是否参照执行?	组员1观点:	组员4观点:
	组员2观点:	组员5观点:
	组员3观点:	组员6观点:
7.当发生合同纠纷时,我们应该遵循什么规定,培养哪些意识和树立什么样价值观?	组员1观点:	组员4观点:
	组员2观点:	组员5观点:
	组员3观点:	组员6观点:
小组讨论过程中的疑惑		

3.结合学生讨论的结果,学生跟随教师学习和巩固工作任务八相关知识,完成工作任务评析,找准切入点融入思政内容,达成德育目标,并做好知识点总结及点评。

 实战演练

通过公路工程施工索赔模拟实训进行实战演练,学以致用、理论联系实际,进一步落实学习目标,具体内容见表8-2。

公路工程施工索赔模拟实训任务单 表 8-2

实训分组					
班级		组号		组长	
组员					
任务分工					
实训目的					
通过公路工程索赔模拟实训,加深对公路工程施工索赔的理解,培养学生具备依据合同文件和相关工程资料进行索赔的能力,提高学生组织协调能力、团队合作能力、语言表达能力和书面写作能力,培养学生的职业道德和工匠精神等,落实工作任务八的三大学习目标:知识目标、技能目标、素质目标					
实训任务					
通过提供真实的工程项目,在企业导师组织下,模拟索赔谈判,然后进行互换角色实训。 工程概况:某公路工程建设的土方工程中发生了如下事件。 事件1:承包人在合同标明有坚硬岩石的地方没有遇到坚硬岩石,因此工期提前60天。 事件2:但在合同中另一未标明地下水位在施工面以下的地方遇到地下水位高于最低施工面,因此导致开挖工作变得更加困难,由此造成了实际生产率比原计划低得多,经测算影响工期90天。 事件3:由于事件2施工效率低,导致后续施工任务延误到雨季进行,连续降雨导致停工30天,造成人工窝工损失300工日(每工日工资145元),设备A闲置80台班(计日工单价为1500元/台班,投标预算书中该设备固定费用1000元/台班),设备B闲置50台班(计日工单价为1100元/台班,投标预算书中该设备固定费用900元/台班)。 事件4:事件3发生两周后又出现百年不遇的暴雨,造成停工3天,造成人工窝工30工日,设备A和B分别闲置8台班和5台班,设备单价和设备固定费用价格同事件3。 施工单位就造成的各项损失准备提出索赔					
实训方式及内容					
1.学生在企业导师指导下分组成两个小组,分别代表发包人和承包人,经过一轮索赔谈判后再交换角色。任课教师负责总协调,明确各岗位工作任务,团队协作完成实训任务。 2.模拟中承包人一方的任务如下: (1)索赔机会分析。 (2)索赔理由分析。 (3)干扰事件的影响分析和索赔值的计算。 (4)索赔证据列举。 角色扮演中的另一方,发包人在索赔谈判中就承包人提出的上述索赔事项进行反驳。指导教师启发式引导学生模拟索赔谈判过程,可以提前设置若干问题(突发情况),考查学生分析问题、解决问题的能力,通过现场模拟培养学生掌握实际工程施工索赔能力。 3.企业导师就模拟实训过程中的存在的问题进行整理,共同探讨:如何通过完善合同条件以及如何在工程实施过程中采取措施,以保护承包人、发包人的正当权益。					
实训要求					
实训结束后,两个小组均需要完成实训报告。实训报告小组自行拟定,但必须包含以下几方面内容: (1)分组信息及任务分工。 (2)完成模拟角色工作的主要参考依据。 (3)工作流程。 (4)汇总各自模拟的角色在工作过程中完成的有关表格、资料及文件。 (5)总结模拟角色的主要岗位职责、职业规范要求及应该具备的职业素养。 (6)收获、创新与反思					

 任务评价

通过学生自评、企业导师及专业教师评价,综合评定通过项目任务实施各个环节学生对工作任务八相关知识的掌握及课程学习目标落实的情况。

1.学生进行自我评价,并将结果填入学生自评表(表8-3)。

学生自评表　　　　　　　　　　　　　　　　　　　表8-3

班级		学号		姓名	
评价指标	评价标准				评定分数
相关知识	了解公路工程施工索赔的概念、基本特征等(10分)				
	了解施工索赔产生的原因、分类、程序与技巧(10分)				
	掌握施工索赔的计算与案例分析(15分)				
相关技能	明确公路工程索赔成立的条件和费用索赔的原则(10分)				
	理解工程师、业主以及承包人对施工索赔的处理方法(10分)				
	能够掌握发包人和承包人施工索赔的谈判内容和流程(5分)				
	能够准确计算工程实际案例中的费用索赔和工期索赔(20分)				
综合素养	明确公路工程施工索赔过程中,各主要参与方的职责、职业素养及法律责任,提升自己的法律意识、责任感、使命感、工匠精神等综合素养(20分)				
总分	100分				
自评总结					

2.企业导师对学生工作过程与工作结果进行评价,并将评价结果填入企业导师评价表(表8-4)。

企业导师评价表　　　　　　　　　　　　　　　　表8-4

评价标准	组别及评分						
	1	2	3	4	5	6	…
计划合理(10分)							
方案准确(10分)							
团队合作(10分)							
组织有序(10分)							
工作质量(10分)							
工作效率(10分)							
工作完整(10分)							

续上表

评价标准	组别及评分						
	1	2	3	4	5	6	…
工作规范(10分)							
回答问题(10分)							
成果展示(10分)							
总分(100分)							
企业导师评价							

3.专业教师对学生工作过程与工作结果进行评价,并将评价结果填入专业教师评价表(表8-5)。

专业教师评价表　　　　表8-5

班级		学号		姓名	
评价指标	评价标准				评定分数
工作过程	无无故缺勤、迟到、早退等考勤情况(10分)				
	掌握公路工程施工索赔的基础知识(15分)				
	明确公路工程索赔成立的条件和费用索赔的原则,正确理解工程师、业主以及承包人对施工索赔的处理方法,掌握施工索赔的计算与案例分析的技能(15分)				
	态度端正,能按时完成任务(5分)				
	能准确表达、汇报工作成果(5分)				
参与度	能与教师保持丰富、有效的信息交流(5分)				
	能独自思考,并与同学保持良好的信息沟通,组织协调小组成员,团队合作完成相关任务(15分)				
综合素养	严以律己,增强法律意识(10分)				
	学习施工索赔参与各方的职业操守,树立公正、法治、敬业、诚信等社会主义核心价值观(10分)				
	创新能力及精益求精的工匠精神(10分)				
总分	100分				

4.综合学生自评、企业导师评价、专业教师评价所占比重,最终得到学生的综合评分,并把各项评分结果填入综合评价表(表8-6)。

综合评价表　　　　表8-6

班级		学号		姓名	
评价类别	学生自评	企业导师评价		专业教师评价	综合评价(分)
比重	20%	30%		50%	
各项得分					

ISBN 978-7-114-19159-6

定价：65.00元
(含主教材和学习任务工单)